Dr. Christine Jaitner

Pilze

KOMPASS

Die Autorin **Dr. Christine Jaitner**, geboren 1952, studierte in Innsbruck Zoologie und Systematische Botanik. Sie promovierte auf dem Gebiet der Protozoologie.

Impressum
Ausstattung:
75 Abbildungen
2 Farbtafeln
4 Illustrationen

Texte: Dr. Christine Jaitner, Patsch
Farbtafeln und Illustrationen: Heinz Schwanninger, Absam
Gesamtleitung und Redaktion: Reinhard Strohmeier, KOMPASS-Karten GmbH

Bildnachweis/Farbfotos:
Titelbild: Granatroter Saftling (Jörg Thien)
Limbrunner: 11, 52, 75 • Nusser: 12, 13, 15, 17, 18, 19, 20, 21, 23, 25, 29, 32, 33, 35, 36, 37, 38, 39, 40, 42, 45, 47, 49, 56, 59, 61, 62, 63, 64, 65, 66, 67, 68, 69, 70, 74, 76 • Schmidt: 43, 55 • Thien: 9, 10, 14, 16, 22, 24, 27, 28, 30, 31, 34, 41, 46, 48, 50, 51, 53, 54, 57, 58, 60, 71, 72, 73, 77 • Zeininger: 26, 44.

A-6063 Rum/Innsbruck (11.12)
Fax 0043 (0)512/26 55 61-8
kompass@kompass.at
www.kompass.at

Verlagsnummer 1103
ISBN 978-3-85491-575-1

Lieber Pilzfreund!

In den letzten Jahren erfreut sich das Sammeln von Pilzen immer größerer Beliebtheit. Es kommt sogar zu organisierten Sammelfahrten, so dass die ohnehin schon in ihren Beständen gefährdeten Pilze systematisch ausgerottet werden.

Die starke Umweltbelastung macht sich dadurch bemerkbar, dass Pilze, die Schwermetalle, Strahlung und vor allem Cäsium speichern, in manchen Gegenden nicht mehr gesammelt werden sollten. Auf Pilze, die dies in besonderem Ausmaße tun, wird im Text gesondert hingewiesen; das Sammeln dieser Arten wird in allen Gegenden zu unterlassen sein. Laut Empfehlung der Gesundheitsbehörde sollen pro Woche nicht mehr als ¼ kg Wildpilze, ausgenommen Zuchtpilze, verzehrt werden.

Der KOMPASS-Naturführer „Pilze“ umfasst 72 Arten, die am häufigsten zu finden sind. Die Fotos sind so ausgewählt, dass sie den Pilz möglichst naturgetreu und farbgetreu wiedergeben. Der dazugehörige Text beschreibt den Pilz, seinen Aufbau, Standort und die Verwechslungsmöglichkeiten.

Das Format des Führers ist so gehalten, dass er jederzeit leicht mitgeführt werden kann. In die Rubriken „Gefunden am“, „Gesehen am“ und „Ort“ können Sie sofort Ihren Fund eintragen oder Ihre Beobachtung festhalten.

Viel Freude beim Bestimmen und Sammeln der Pilze!

Wissenswertes über Pilze

Die Pilze, die im Wald gefunden werden, stellen nur einen Teil der eigentlichen Pflanze dar. Sie bilden den **Fruchtkörper**, der zur Aufgabe hat, eine riesige Menge Sporen zu bilden, die dann vom Wind verbreitet werden und zur Erhaltung der Art dienen. Die Fruchtkörper sind oft nur sehr kurzlebig, wenige Stunden oder Tage. Der eigentliche Pilz lebt als feines Gespinst oder **Mycel** im Boden. Es besteht aus langen, oft auch verzweigten Zellen, die zu Faden aneinandergereiht sind. Diese Fäden nennt man **Hyphen**. An der Basis der Fruchtkörper entstehen durch Zusammenschluss vieler Hyphen dicke Mycelstränge oder **Rhizomorphen**.
Pilze ernähren sich von abgestorbenem Material; deshalb heißen sie **Saprophythen** oder Fäulnisbewohner. Sie tragen neben Bakterien und anderen Mikroorganismen entscheidend dazu bei, dass Holz, Laub, pflanzliche Teile etc. abgebaut werden, so dass andere Organismen wieder Nutzen davon haben. Die meisten Pilze sind dieser Gruppe zuzuordnen.
Daneben gibt es **Schmarotzer**, die ihre Nahrung direkt von der Wirtspflanze beziehen, und **Mykorrhizapilze**, die in einer engen Lebensgemeinschaft mit anderen Pflanzen leben, und von der beide Teile einen Nutzen haben, genannt werden.
Es ist klar erwiesen, dass Pilze einen großen Beitrag im Gleichgewicht der Natur liefern. Es sollten also nicht mehr Pilze gesammelt werden als unbedingt erforderlich.
Folgende Pilze dürfen nur in geringen Mengen gepflückt werden: alle Morcheln, Pfifferlinge, Birkenpilze, Rotkappen, Steinpilze, Brätlinge.
Die höher organisierten Pilze unterscheidet man in **a) Ascomyceten** und **b) Basidiomyceten**.

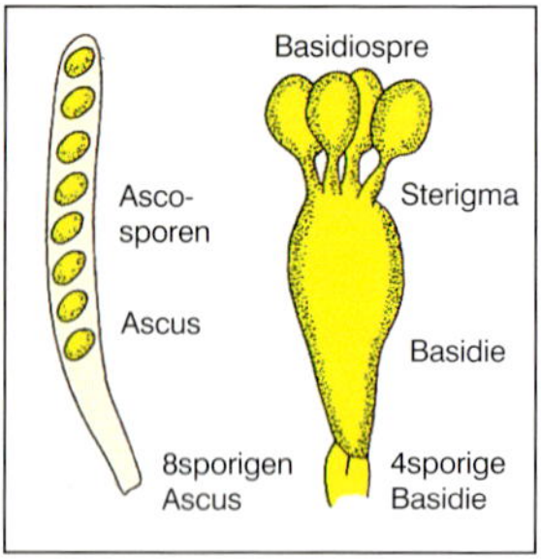

zu a)
Die Ascomyceten oder Schlauchpilze bilden kleine **Asci** oder Schläuche aus, in denen meist 8 Sporen gebildet werden (nur unter dem Mikroskop sichtbar, in $^{1}/_{1000}$ mm gemessen).

zu b)
Die **Basidiomyceten** oder Ständerpilze entwickeln Sporenständer oder **Basidien**, die keulenförmig sind. Meist 4 Sporen werden von fingerförmigen Ausstülpungen, **Sterigmen**, abgeschnürt.

Beide Formen der Sporenbildner stehen dicht und bilden eine dicke Fruchtschicht, das **Hymenium**. Bei den Lamellenpilzen findet sich das Hymenium auf den Lamellen der Hutunterseite. Bei den Röhrenpilzen kleidet es die Innenseite der Röhren aus. Der schalenförmige Fruchtkörper der Becherlinge ist innen vom Hymenium überzogen. Somit ist die Lage der Fruchtschicht ein wichtiges systematisches Kennzeichen.
Um eine möglichst große Anzahl an Sporen bilden zu können, ist die Oberfläche des Hymeniums oft zu Stacheln, Leisten, Falten oder Röhren vergrößert. Reife Sporen werden mit Hilfe von Wasser fortgeschleudert, um unter günstigen Bedingungen ein neues Mycel zu bilden. Die Form der Sporen, die Farbe und Oberflächenbeschaffenheit sind artspezifisch und dienen der Systematik.

Aufbau des Fruchtkörpers

Durch das Längenwachstum wird das **Velum universale** zerrissen, und es entsteht dabei die **Volva** (Scheide) der Knollenblätterpilze, die warzenförmigen Reste an den Knollen der Perl-, Panther- und Fliegenpilze sowie die Hutschuppen. Diese Reste und deren Ausbildungen stellen entscheidende Bestimmungsmerkmale dar.

Velum universale: Hülle, die den Jungpilz vollkommen umschließt.

Velum partiale: Hülle, die zwischen Stil und Hutrand verläuft und den **Hymenophor** (= Lamellen oder Röhren) schützt.

Der **Ring** oder ringartige Reste gehen aus dem **Velum partiale** hervor.

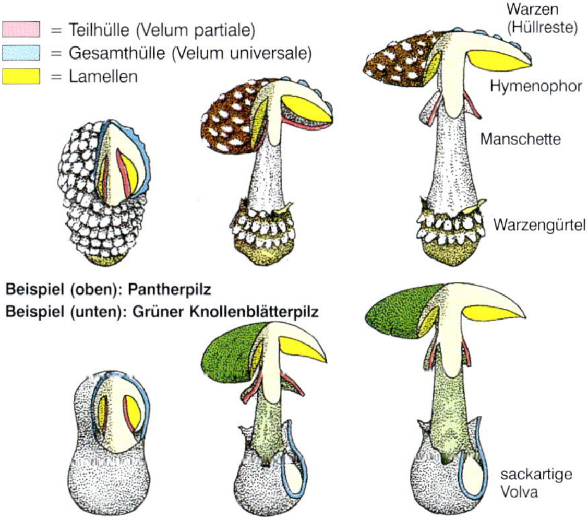

Beispiel (oben): Pantherpilz
Beispiel (unten): Grüner Knollenblätterpilz

Form und Beschaffenheit von Hut und Stiel bilden wichtige Bestimmungsmerkmale. Jedoch muss hier auf eine große Variationsbreite unter den ausgewachsenen Formen hingewiesen werden. Es kann auch vorkommen, dass es sich bei der Variation schon um eine neue Art handelt, die möglicherweise giftig sein kann.
Zur Identifizierung einer Art muss außerdem Art und Beschaffenheit des Hymenophors herangezogen werden sowie die des Fleisches, Geruchs, Geschmacks und der Sporen.

Hinweise für den Sammler

Grundsätzlich sollte der Sammler nur solche Pilze nehmen, die er **eindeutig** identifizieren kann und kennt. Der Laie sollte sich von einem Pilzkundigen an Ort und Stelle helfen lassen, oder die Pilze, einzeln und getrennt voneinander aufgehoben, bei einer Pilzberatungsstelle untersuchen lassen.

Unbekannte Pilze müssen anhand eines Bestimmungsbuches möglichst zweifelsfrei identifiziert werden. Ist dies dem Sammler nicht möglich, muss er den Pilz stehen lassen und darf ihn nicht verwenden.

Aber auch beim Pflücken der bekannten Arten sind einige Grundregeln zu beachten:

1. Vor dem Sammeln informieren Sie sich über die Merkmale der giftigen Pilze, wie Knollenblätterpilze, Pantherpilz, Kahler Krempling etc.

2. Vergleichen Sie die gefundenen Pilze noch im Wald mit dem Pilzführer, ob er auch tatsächlich als Speisepilz ausgewiesen ist.

3. Die Pilze müssen in einem luftdurchlässigen Gefäß, wie ein Korb, transportiert werden. In einem luftundurchlässigen Behälter, Plastiksack, verlieren die Pilze stark an Wasser, erwärmen sich, und die Eiweißzersetzung setzt stark ein, so dass die Pilze ungenießbar werden. Es können giftige Zerfallsprodukte entstehen!

4. Die Pilze müssen äußerst vorsichtig behandelt werden. Sie sollten aus dem Boden herausgeschnitten oder herausgedreht werden. Das entstandene Loch gut verschließen und so das Mycel schützen. Stark gedrückte Pilze, besonders am Stielende, können nicht mehr mit Sicherheit bestimmt werden.

5. Sie sollten die Pilze bereits im Wald reinigen und sie getrennt von den bekannten aufbewahren.

6. Nur junge, feste Pilze sammeln. Keine giftigen und unbekannten Pilze zertrampeln! Keine Pilze unter 2 cm sammeln. **Sammelbeschränkungen beachten!**

Ein Neuling sollte folgende Punkte beachten:

1. Da es unter den Lamellenpilzen die gefährlichsten Giftpilze gibt, und diese Gruppe noch dazu am zahlreichsten ist, empfiehlt es sich, mit den Röhrenpilzen zu beginnen. Hierbei sind die Arten mit roten oder rosa Mündungen zu meiden.

2. Keine Pilze roh kosten, außer bei Milchlingen und Täublingen, wenn sie der Sammler genau kennt. Auf keinen Fall die Probe schlucken!

3. Boviste nur nehmen, wenn sie genau bestimmt sind, und wenn sie innen noch weiß sind. Verwechslung mit kleinen Wulstlingen.

4. Abzuraten ist von Tintlingen, Trichterlingen, kleinen Schirmlingen, allen Rötlingen, allen Risspilzen, allen Korallenpilzen, allen grauen und braunen Ritterlingen!

Hinweise für den Verbrauch

Nicht alle Pilze, die wenigsten, sind giftig. Viele jedoch gelten als ungeniessbar. Geringste Mengen können eine Mahlzeit vergällen. Oft, wie bei **Tintlingen**, weisen sie nur geringe, nur wenige Stunden Haltbarkeit auf. Der **Hallimasch** muss erst überbrüht, und das Wasser muss weggeschüttet werden, und auch dann ist die Genießbarkeit individuell verschieden.

Es sei nochmals darauf hingewiesen, dass **jeder** Speisepilz bei falscher Behandlung zum Giftpilz werden kann, d. h. dann, wenn sich das Eiweiß der Pilze zersetzt und giftige Stoffe bildet.

Es ist also darauf zu achten, dass nur feste, junge Pilze gesammelt werden, stark beschädigte oder solche mit erheblichem Madenfraß sind stehen zu lassen. Das gleiche gilt für alte, schimmelige und wässrige Pilze. Nach dem luftigen Transport müssen sie an einem kühlen Ort, luftig und schattig, ausgebreitet werden. Sie sollten noch am gleichen Tag verarbeitet werden. Bei der Reinigung ist darauf zu achten, dass die Pilze nicht aufweichen. Alu-Geschirre eignen sich nicht zur Pilzzubereitung.

Giftigkeit der Pilze

Bei den ersten Anzeichen einer Pilzvergiftung ist der Arzt zu verständigen, wobei es höchst nützlich wäre, die Zusammensetzung oder Reste der Speise zu kennen. Auch sollte Erbrochenes (Putzreste oder Teile von Pilzen mitnehmen) zur Untersuchung aufbewahrt werden.

Es werden unterschieden:

1. Auswirkungen auf die inneren Organe, oft mit tödlichem Ausgang!
2. Auswirkungen auf das Nervensystem
3. Auswirkungen auf die Verdauungsorgane
4. Auswirkungen in Verbindung mit Alkohol
5. Eiweißvergiftung bei alten, überständigen Pilzen und bei zu lange gelagerten Gerichten

zu 1.:
Grüner Knollenblätterpilz (Amanita phalloides)
Weißer Knollenblätterpilz (A. phalloides var. verna)
Kegelhütiger Knollenblätterpilz (A. virosa)

schädigen die Leber. 5-12 Stunden nach Genuss erste Anzeichen durch Erbrechen, Durchfall, schwache Gelbsucht und etwa am 5. Tag nach Genuss Tod wegen Leberunterfunktion. Ähnlich

Grünblättriger Schwefelkopf (Hypholoma fasciculare). **Nadelholzhäubling** (Galerina marginata), **Orangekopfiger Rauhkopf** (Cortinarius orellanus) und die meisten **Cortinarius**-Arten (= Haarschleierlinge) schädigen die Nieren.

zu 2.:
Pantherpilz und **Fliegenpilz, kleine Trichterlinge.**

Vergiftungserscheinungen schon nach einer Stunde - Sehstörungen, Schweißausbrüche, Speichelfluss, Herzbeschwerden, Atemnot, Kreislaufstörungen.

zu 3.:
Rötlinge, braune Ritterlinge, Korallenpilze, scharfe Täublinge, scharfe Milchlinge, Kartoffelbovist.

Vorsicht beim **Kahlen Krempling** und der giftigen **Frühjahrslorchel**. Die Giftstoffe sind nicht restlos entfernbar, wodurch es zu lebensgefährlichen Kumulierungen kommen kann.

zu 4.:
Nebelkappe, Faltentintling, Glimmertintling, Netzstieliger Hexenröhrling und Keulenfußtrichterling rufen in Verbindung mit Alkohol Gesichtsröten, Herzklopfen, Atemnot hervor. Das kann mehrere Tage anhalten.

Die tödlich bzw. lebensgefährlich giftigen Pilze sind im Bild durch einen Totenkopf hervorgehoben.

Farbkeile:

ungenießbar

essbar

bedingt essbar

giftig

Frühjahrslorchel

Gyromitra esculenta Lorchel; **tödlich giftig!**

Fruchtkörper: deutlich in Hut und Stiel gegliedert, Hut hirnartig gewunden, in mehrere Lappen unterteilt, am Stiel angewachsen, braun bis rotbraun. **Stiel:** weißlich, manchmal violett angehaucht, nicht hohl, längsfaltig bis grubig. **Fleisch:** weiß, angenehmer Geruch. **Vorkommen:** III-V, sandige Böden. **Verwechslung:** ungiftige Morcheln.

Gesehen am:

Ort:

Spitzmorchel

Morchella conica

Morchel; essbar

Fruchtkörper: deutlich in Hut und Stiel gegliedert, hohl, meist zugespitzt, dunkelgrau bis kastanienbraun, in senkrecht durchlaufende und waagrechte Rippen, die Fruchtkammern bilden, unterteilt, Kammern rhombisch bis quadratisch. **Stiel:** weißlich bis ocker, hohl. **Fleisch:** weiß, biegsam. **Vorkommen:** IV-VI, Laub- und Nadelwälder, auf Rindenhaufen, an Straßenrändern.

Gefunden am:

Ort:

Speisemorchel

Morchella esculenta Morchel;essbar, **geschützte Art!**

Hut: unregelmäßig kugelig bis eiförmig, jung gelbbraun, selten graubraun, auf der Oberfläche viele vieleckige Kammern, die durch erhöhte Rippen voneinander getrennt sind, innen hohl. **Stiel:** weiß, verbogen, am Grund verdickt, hohl, kahl. **Vorkommen:** IV-VI, Auwälder, Gärten, Gebüsch. **Verwechslung:** Frühlorchel (Gyromitra esculenta) - stark giftig! - Rotbrauner, hirnartig gewundener Hut.

Gefunden am:

Ort:

Porphyrröhrling

Porphyrellus porphyrosporus

Porphyr-Röhrling; minderwertig

Hut: jung halbkugelig mit scharfem Rand, später flachpolsterförmig, graubraun, dunkelbraun, filzig, trocken, fleischig. **Röhren**: jung graubraun, dann gleiche Farbe wie der Hut, bei Druck blauschwärzend. **Stiel:** gleiche Farbe wie der Hut, fleischig, an der Basis hellbraun. **Fleisch:** weißlichgrau, bei Schnitt rötlich bis bläulich färbend. **Vorkommen:** VI-X, im Nadelwald.

Gesehen am: **Ort:**

Hohlfußröhrling

Boletinus cavipes *(var. aurea)*

Hohlfuß-Röhrling; minderwertig

Hut: jung halbkugelig bis kegelig, später ausgebreitet, filzig, fein schuppig, trocken, gelb bis kastanienbraun, jung am Rand Velumreste. **Röhren**: mit dem Hut verwachsen, grob, netzartig, kantig, gelb, später grünlich. **Stiel:** hutfarben, Ringzone, hohl. **Fleisch:** zart, weißlich. **Vorkommen:** VIII-IX, unter Lärchen.

Gesehen am:

Ort:

Goldröhrling

Suillus grevillei Schmier-Röhrling; essbar

Hut: jung halbkugelig, alt gewölbt bis flach, orange bis rotbraun, auch gelb, stark schleimig, Haut leicht abziehbar. **Röhren**: zitronengelb, auf Druck braun verfärbend, engröhrig, am Stiel angewachsen. **Stiel:** gleich gefärbt wie der Hut, an der Spitze etwas netzig, der später verschwindende Ring bedeckt bei jungen Pilzen die Röhren. **Fleisch:** hellgelb, wässrig, manchmal rosaviolett oder bläulich anlaufend. **Vorkommen:** VI-X, nur unter Lärchen. **Bemerkung:** vor dem Verzehr Schmierhaut entfernen.

Gefunden am: **Ort:**

Kuhröhrling

Suillus bovinus Schmier-Röhrling; minderwertig

Hut: jung gewölbt mit eingerolltem Rand, später unregelmäßig flach, in der Mitte oft tiefer, gelbbraun bis kuhbraun, bei Nässe schmierig. **Röhren:** jung engporig, alt eckig, herablaufend, schmutziggelb bis oliv. **Stiel:** zylindrisch, dünn ohne Ring, hutfarben. **Fleisch:** weißlich, weich, dünn. **Vorkommen:** VI-XI, Nadelwälder, Kiefern.

Gesehen am:

Ort:

Maronenröhrling

Xerocomus badius

Filz-Röhrling;
essbar, Würzpilz

Hut: jung gewölbt, später flach, dunkel - kastanienbraun, matt. **Röhren:** grüngelb bis hellgrün, auf Druck blau anlaufend. **Stiel:** schlank, gelbbraun, nie mit Netz. **Fleisch:** weißgelb, bei Anschnitt langsam blau färbend. **Vorkommen:** VII-XI, Nadelwälder, besonders im Hochwald. **Bemerkung:** Vorsicht, starke Anreicherung von Schwermetallen und Cäsium, daher ist vom Sammeln abzuraten!

Gefunden am: **Ort:**

Rotfußröhrling

Xerocomus chrysenteron Filz-Röhrling; essbar

Hut: jung gewölbt, alt flach, dunkelbraun, olivbraun bis ockerbraun, Oberfläche matt, oft feldrig reißend, nie schmierig, bei Verletzung hellrot anlaufend. **Röhren:** blassgelb, auf Druck blauend, etwas weitlöchrig. **Stiel:** gelblich, mehr oder weniger stark rötlich überzogen, schlank, vollfleischig. **Fleisch:** hellgelb, im Schnitt blauend, wird schnell weich. **Vorkommen:** VII-XI, Laub- und Nadelwälder. **Bemerkung:** jung besser.

Gefunden am:

Ort:

Ziegenlippe

Xerocomus subtomentosus Filz-Röhrling; essbar

Hut: jung gewölbt, später polsterartig flach, olivbraun, feinfilzig, nie schmierig, nie feinfeldrig reißend. **Röhren:** gelb, weitlöchrig, am Stiel gebuchtet, nicht blauend. **Stiel:** vollfleischig, gelb, feingemustert. **Fleisch:** weißlich, im Stiel gelb, Schnittstelle kann selten bläuen. **Vorkommen:** VI-X, Laub- und Nadelwälder.

Gefunden am:

Ort:

Pfefferröhrling

Chalciporus piperatus

Pfeffer-Röhrling; bodingt essbar

Hut: halbkugelig, bei Nässe schleimend, orangebraun bis gelbbraun, klein. **Röhren:** erst orange, dann rostbraun, weite Öffnungen, eckig, am Stiel angewachsen. **Stiel:** hutfarben, lang, dünn. **Fleisch:** gelb, scharfer Geschmack. **Vorkommen:** VIII-IX, unter Kiefern und Fichten. **Bemerkung:** essbar, aber sehr scharf, getrocknet und gemahlen als Würzpilz verwendbar.

Gefunden am:

Ort:

Steinpilz, Herrenpilz

Boletus edulis

Dick-Röhrling;
essbar, **geschützte Art!**

Hut: jung fast kugelig, später polsterartig gewölbt, zuerst weißlich, dann hell - dunkelbraun, klebrig, glänzend. **Röhren:** jung weiß, alt gelb bis olivgrün, um den Stiel ausgebuchtet. **Stiel:** jung dickbauchig, alt keulenförmig bis zylindrisch, weißlich bis hellbräunlich, an der Spitze deutliches weißes, engmaschiges Netz. **Fleisch:** weiß, fest, nussartiger Geschmack. **Vorkommen:** VII-XI, in Nadelwäldern. **Verwechslung:** Gallenröhrling (Tylopilus fellus) ungenießbar, nahe genießbare Verwandte.

Gefunden am: **Ort:**

Netzstieliger Hexenröhrling

Boletus luridus Dick-Röhrling; essbar, **roh giftig!**

Hut: Jung halbkugelig, später gewölbt, olivbraun, orangebraun, aber auch ziegelrot, jung filzig. **Röhren:** erst gelb, dann olivgrün mit roten Mündungen, auf Druck grünblau anlaufend. **Stiel:** knollig, bauchig, zylindrisch, gelb mit langgezogenem, rotbraunem Netz, bläuend. **Fleisch:** hellgelb, an der Basis purpurrot, schwach bläuend. **Vorkommen:** Laub- und Nadelwälder, vor allem unter Buchen. **Besonderheit:** In Verbindung mit Alkohol giftig!

Gefunden am: **Ort:**

Flockenstieliger Hexenröhrling

Boletus erythropus

Dick-Röhrling;
essbar, **roh giftig!**

Hut: jung halbkugelig, alt polsterartig gewölbt, graubraun, samtig. **Röhren:** jung gelb, alt olivgrün, mit orangen bis karminroten Mündungen, auf Druck sofort schwarzblau. **Stiel:** anlaufend. **Fleisch:** gelb, bei Anschnitt sofort dunkelblau. **Vorkommen:** V-XI, Laub- und Nadelwälder.

Gefunden am:

Ort:

Schönfußröhrling

Boletus calopus Dick-Röhrling; **giftig!**

Hut: hellgrau bis ockergrau, polsterförmig, dickfleischig, trocken, samtig. **Röhren:** jung hellgelb, alt olivgrün, feinporig, auf Druck bläuend. **Stiel:** keulig-knollig, meist leuchtend rot, mit feinmaschigem, verschiedenfarbigem Netz. **Fleisch:** bitter, gelblichweiß, im Schnitt blau oder grün anlaufend. **Vorkommen:** VII-X, Laub- und Nadelwälder, saure Böden.

Gesehen am:

Ort:

Satanspilz

Boletus satanas

Dick-Röhrling;
giftig! stark gefährdete Art!

Hut: jung halbkugelig, alt polsterartig, weißgrau, matt, trocken. **Röhren:** jung gelb, später grünlich, dann oliv, auf Druck blauend, Poren rot, später oliv. **Stiel:** oft breiter als lang, an der Spitze und an der Basis gelblich, dazwischen rot, rotes Adernetz. **Fleisch:** weiß, blauend, am Stiel rot anlaufend. **Vorkommen:** VII-IX, im Laubwald auf Kalk. **Verwechslung:** Hexenröhrlinge.

Gesehen am: **Ort:**

Gallenröhrling

Tylopilus felleus Gallenpilz; ungenießbar

Hut: jung halbkugelig, alt gewölbt bis flach, gelb- bis rötlichbraun, kahl. **Röhren:** jung grauweiß, alt rosa bis rotbraun, niemals gelb oder grün! **Stiel:** dick bis zylindrisch, mit grobem, tiefgründigem braunem Netz. **Fleisch:** weiß, bitter, nicht färbend. **Vorkommen:** VI-X, Nadelwälder, häufig. **Verwechslung:** Steinpilz (Boletus edulis) als Jungpilz, Geschmacksprobe!

Gesehen am:

Ort:

Birkenpilz

Leccinum scabrum Rauhstiel-Röhrling; essbar, **roh giftig! geschützte Art!**

Hut: jung halbkugelig, später polsterförmig, graubraun bis rötlichbraun, kahl, bei Feuchtigkeit leicht schmierig. **Röhren:** jung weißlich, später grau, auf Druck bräunend, deutlich unter dem Hut hervorschauend. **Stiel:** weißlich mit dunklen Schuppen. **Fleisch:** weißlich, alt weich, selten rosa anlaufend. **Vorkommen:** VI-X, nur unter Birken. **Verwechslung:** Hainbuchenröhrling (L. griseum), bei Anschnitt schwarz; Rötlicher Birkenpilz (L. oxydabile); Moorbirkenpilz (L. holopus), alle essbar.

Gefunden am: **Ort:**

Rotkappe

Leccinum versipelle

Rauhstiel-Röhrling; essbar

Hut: flach gewölbt, rotbraun, orangebraun oder ziegelrot, filzig, Huthaut am Rand überstehend, auf Druck oder im Schnitt blau bis grünblau verfärbend. **Röhren:** jung weißgrau, alt gelbgrau. **Stiel:** schlank, weiß mit schwarzen, dichten Schuppen; Fleisch weiß, im Schnitt bläulich oder rosa anlaufend. **Vorkommen:** VI-X, unter Birken.

Gefunden am:

Ort:

Echter Pfifferling

Cantharellus cibarius Leistenpilz; essbar

Hut: dottergelb, seltener weißlich bis lila, jung gewölbt, alt trichterförmig, mit unregelmäßigem Rand. **Leisten:** laufen am Stiel weit herunter, gabelig verzweigt, untereinander verbunden. **Stiel:** dottergelb, in den Hut übergehend. **Fleisch:** weiß, scharf schmeckend. **Vorkommen:** VI-XI, saure Nadelwälder, höhere Lagen, in manchen Gegenden schon recht selten. **Verwechslung:** Falscher Pfifferling (Hygrophoropsis aurantiaca) nicht giftig; tödlich giftiger Ölbaumtrichterling (Omphalotus olearius) selten, auf Holzstümpfen.

Gefunden am: **Ort:**

Trompetenpfifferling

Cantharellus tubaeformis Leistenpilz; essbar

Hut: gewölbt, feinfaserig, in der Mitte mit Loch in den Stiel, braungelb, später trichterförmig. **Lamellen:** Leisten laufen am Stiel herunter, grauweiß. **Stiel:** gelb, hohl, leicht verbogen, lang. **Fleisch:** dünn, weiß. **Vorkommen:** VII-IX, feuchte Gebiete in Wäldern. **Verwechslung:** Gelbe Kraterelle (Cantharellus lutescens), essbar.

Gefunden am:

Ort:

Totentrompete

Craterellus cornucopioides

Kraterelle;
essbar, Würzpilz

Fruchtkörper: immer trichterförmig, ähnlich einer Trompete, mit eingerolltem Rand, grauschwarz bis schwarz, Hymenium an der Außenseite, grau und runzelig, geht in den Stiel über. **Stiel:** hohl, grauschwarz. **Fleisch:** schwarz, zäh, zum Trocknen geeignet. **Vorkommen:** IX-XI, Laubwald (Buche).

Gefunden am:

Ort:

Schweinsohr

Gomphus clavatus Leistenpilz; essbar

Fruchtkörper: kegelförmig, trichterartig vertieft, kahl, glatt, orangebraun bis ockerbraun, Ränder nach oben zeigend, gelappt, Außenseite mit feinen Leisten, violettes Hymenium, an der Basis kurzer Stiel, weißlich, filzig. **Fleisch:** dick, gelblich marmoriert. **Vorkommen:** VIII-X, Laub- und Nadelwälder.

Gefunden am:

Ort:

Herkuleskeule

Clavariadelphus pistillaris

Keulenpilz; ungenießbar

Fruchtkörper: abgestumpfte, mörserartige Keule, zylindrisch, gelb bis ockergelb, an der Stielbasis weißlich. **Fleisch:** weiß, faserig, auf Druck bräunend, bitter. **Vorkommen:** VII-XI, Laubwälder. **Verwechslung:** kleinere Keulenarten.

Gesehen am:

Ort:

Krause Glucke

Sparassis crispa

seltene Art!
Korallenartiger; essbar

Fruchtkörper: rundlich, mit hartem unterirdischem Kern, Äste bandartig gewunden und gebogen, jung weißgelblich bis ocker. **Stiel:** im Boden in der Wurzel einer Kiefer. **Fleisch:** weiß, elastisch, alt bitter, erinnert an Blumenkohl, Badeschwamm, aufgeplustertes Huhn. **Vorkommen:** VII-XI, Kiefern.

Gefunden am:

Ort:

Habichtspilz

Sarcodon imbricatus Stachelpilz; essbar, Würzpilz

Hut: jung mit eingerolltem Rand, später gewölbt bis ausgebreitet, in der Mitte meist trichterartig vertieft, mit groben rotbraunen Schuppen bedeckt (an Habichtsgefieder erinnernd). **Stacheln:** jung weißlich, später grau bis rotbraun, sehr brüchig. **Stiel:** kurz, gedrungen, unten bräunlich werdend. **Fleisch:** jung weißlich, alt graubraun, fest und zäh. **Vorkommen:** VIII-XI, Nadelwälder. **Bemerkung:** Getrocknet und gemahlen schmackhafter Würzpilz. **Verwechslung:** Widerlicher Stachling.

Gefunden am: **Ort:**

Zitronengelber Saftling (links oben)

Hygrocybe acutoconica Saftling; ungenießbar

Hut: glockig bis gewölbt, zitronengelb bis goldgelb, klein, schleimig, nicht schwärzend. **Lamellen:** breit, dick, zitronengelb. **Stiel:** dick, lang, zylindrisch, gelb, hohl. **Fleisch:** gelb. **Vorkommen:** VIII-X, Wiesen, Weiden.

Spitzkegeliger Saftling (links unten)
H. conica Saftling; ungenießbar

Granatroter Saftling (rechts oben)
H. punicea Saftling; essbar

Papageienfarbener Saftling (rechts unten)
H. psittacina Saftling; ungenießbar

Gesehen am: **Ort:**

Violetter Lacktrichterling

Laccaria amethystina Lackpilz; essbar

Hut: jung gewölbt und dunkelviolett, alt ausgebreitet und weißgrau verfärbend, fein geschuppt. **Lamellen:** violett, dick, weit entfernt, angewachsen, herablaufend. **Stiel:** amethystviolett, schlank, seidig faserig, biegsam. **Fleisch:** violett. **Vorkommen:** VIII-IX, Laub- und Nadelwälder.

Gefunden am:

Ort:

Mönchskopf

Clitocybe geotropa Trichterling; essbar

Hut: jung kegelig mit Buckel, der lange erhalten bleibt, später trichterförmig, lederfarben bis blassbraun, graubraun, Rand lange eingerollt. **Lamellen:** hutfarben, nicht zu dicht, am Stiel herablaufend. **Stiel:** schlank, zylindrisch, hutfarben, voll. **Fleisch:** dick, weißlich. **Vorkommen:** VII-XI, Laub- und Nadelwälder.

Gefunden am:

Ort:

Nebelkappe

Clitocybe nebularis Trichterling; **giftig!**

Hut: jung gewölbt, später flach, dann trichterförmig, nebelgrau, graubraun, meist mit weißem Reif, leicht abwischbar. **Lamellen:** dünn, dicht, weißlich, kurz am Stiel herablaufend. **Stiel:** keulig, unten verdickt. **Fleisch:** weiß, dick, süßlich. **Vorkommen:** IX-XI, Wälder. **Besonderheit:** abbrühen und Wasser weggießen! **Verwechslung:** Keulenfüßiger Trichterling (C. clavipes) in Verbindung mit Alkohol giftig! Riesen-Rötling (Entoloma sinuatum) stark giftig! - deutlicher Mehlgeruch und rosa Sporenpulver, etliche weiße Trichterlinge.

Gesehen am: **Ort:**

Rötlicher Holzritterling

Tricholomopsis rutilans Holzritterling; minderwertig

Hut: jung gewölbt, später flach mit Buckel, gelb bis gelbbraun mit schuppigem Filz, älter Schuppen, Rand lange eingerollt. **Lamellen:** leuchtend gelb, dicht, gerundet. **Stiel:** fest, alt hohl, wie der Hut mit roten Schuppen überlaufen. **Fleisch:** gelb, moderig, jung essbar, aber minderwertig. **Vorkommen:** VI-XI, Nadelholzstümpfe, selten auf Laubholz.

Gesehen am:

Ort:

Schwefelritterling

Tricholoma sulphureum Ritterling; ungenießbar

Hut: anfangs gewölbt, dann flach, manchmal mit Buckel, schwefelgelb, trocken. **Lamellen:** hutfarben, dick, entfernt stehend. **Stiel:** hutfarben, deutliche Längsfaserung **Fleisch:** faserig, hutfarben oder etwas blasser. Leuchtgasgeruch. **Vorkommen:** VIII-X, Laub- und Nadelwälder.

Gesehen am:

Ort:

Hallimasch

Armillariella mellea Hallimasch; essbar, **roh giftig!**

Hut: jung kugelig, später flach mit Buckel, honiggelb bis rötlichbraun, jung oliv, filzig, später besonders in der Hutmitte schwärzliche Schuppen, alt fast kahl, Hutrand eingerollt, mit weißen Flöckchen. **Lamellen:** erst weißlich, dann gelb bis gelbbraun, angewachsen, manchmal herablaufend. **Stiel:** faserig, gelbbraun, mit flockigem Ring, braune Schüppchen. **Fleisch:** weißlich bis bräunlich. **Vorkommen:** IX-X, auf Bäumen und Holz, gefährlicher Holzschmarotzer, bringt die befallenden Bäume zum Absterben! **Besonderheit:** Mindestkochzeit 12 Minuten, Kochwasser wegschütten.

Gefunden am: **Ort:**

Mairitterling

Calocybe gambosa Ritterling; essbar

Hut: jung gewölbt mit eingerolltem Rand, alt flach, glatt, kahl, weißlich bis hellockergelb. **Lamellen:** weiß, um den Stiel ausgebuchtet, dicht. **Stiel:** hutfarben, zylindrisch. etwas faserig bis schuppig. **Fleisch:** starker Mehlgeruch, alte Exemplare sind zäh. **Vorkommen:** V-VI, Wiesen, Waldränder, Lichtungen, nicht selten, standorttreu, bildet gerne Hexenringe.

Gefunden am:

Ort:

Knoblauchschwindling

Marasmius scorodonius

Schwindling;
essbar, Gewürzpilz

Hut: fleischfarben bis weißlich, dünnhäutig, trocken. **Lamellen:** weiß, etwas entfernt stehend. **Stiel:** braun, kahl, hornartig, zäh, dünn. **Fleisch:** stark nach Knoblauch riechend. **Vorkommen:** VI-X, auf Fichtennadeln. **Verwechslung:** Kohlstinkschwindling (Micromphale brassicolens); Gemeiner Stinkschwindling (Micromphale foetidum).

Gefunden am:

Ort:

Winterrübling

Flammulina velutipes Winterrübling; essbar

Hut: gewölbt, bei Nässe klebrige Haut, gelb bis rostgelb. **Lamellen:** heller als der Hut, dick, entfernt. **Stiel:** zur Basis hin dunkelbraun bis schwarz, samtig, zäh, ungenießbar. **Fleisch:** weiß bis gelb. **Vorkommen:** X-III, an Laubholzstümpfen, bevorzugt Weiden.

Gefunden am:

Ort:

Brauner Scheidenstreifling

Amanita umbrinolutea Wulstling; bedingt essbar

Hut: jung vom Velum universale umschlossen, dann eiförmig, später flach, Scheitel umbrabraun, am Rand stark kammartig gerieft und viel heller bis weißlich. **Lamellen:** dicht, weiß, nicht angewachsen. **Stiel:** lang, ringlos, kräftig, meist mit gelbbrauner bis olivbrauner Natterung, Volva meist in der Erde. **Fleisch:** weiß. **Vorkommen:** VIII-X, Nadelwälder der Gebirge. **Verwechslung:** Riesenscheidenstreifling (A. inaurata), tödlich giftiger Kegeliger Knollenblätterpilz (Amanita verna). **Besonderheit:** roh ungenießbar.

Gefunden am: **Ort:**

Fliegenpilz

Amanita muscaria Wulstling; **giftig!**

Hut: jung vollständig von weißer, warziger Hülle umgeben, halbkugelig, später flach, rotorange - rot mit weißen Warzen, am Rand schwach gestreift, Unterhaut gelb. **Lamellen:** weiß, dicht, frei. **Stiel:** weiß, lang, mit hängendem Ring, am Grund Knolle mit Warzengürtel. **Fleisch:** weiß, weich. **Vorkommen:** VIII-XI, Nadelwälder, vor allem Fichtenanpflanzungen. **Verwechslung:** Königsfliegenpilz (A. regalis) giftig, bräunlich; Kaiserling (A. caesaria) essbar.

Gefunden am: **Ort:**

Kaiserling

Amanita caesarea Wulstling; essbar

Hut: jung kugelig, alt halbkugelig, orangerot, kahl oder mit Hüllresten, leicht abziehbare Huthaut, geriefter Rand. **Lamellen:** gelb, frei, dicht. **Stiel:** gelb bis goldgelb, walzenartig, anfangs voll, dann hohl, an der Basis mit breiter Volva. **Fleisch:** weißlich, unter dem Hut gelb. **Vorkommen:** VII-X, unter Edelkastanien und Eichen, wärmeliebend.

Gefunden am:

Ort:

Pantherpilz

Amanita pantherina Wulstling; **tödlich giftig!**

Hut: jung halbkugelig, später flach, ockerbraun bis graubraun, am Rand meist deutlich gerieft, jung von weißer Hülle umschlossen, alt Reste dieser Hülle als Flocken auf dem Hut. **Lamellen:** weiß, dicht, am Stiel nicht angewachsen. **Stiel:** weiß, schlank, Manschette nie gerieft, stulpenförmige Knolle, am Grund weitere Hüllreste. **Fleisch:** weiß. **Vorkommen:** VII-X, Laub- und Nadelwälder. **Verwechslung:** Grauer Wulstling (Amanita spissa), essbar, roh giftig!

Gesehen am: **Ort:**

Grüner Knollenblätterpilz

Amanita phalloides Wulstling; **tödlich giftig!**

Hut: Jung vollständig vom Velum universale umgeben, halbkugelig, später flach, hellgrün bis olivgrün, manchmal fast weiß verblassend, jung schmierig. **Lamellen:** weiß, eng, nie rosa oder grau, nicht angewachsen. **Stiel:** weißlich mit heller Natterung, herabhängender Ring, Knolle in Volva. **Fleisch:** weiß, honigartiger Geruch. **Vorkommen:** VIII-X, meist Laubwälder. **Verwechslung:** Weißer Knollenblätterpilz (A. verna) tödlich giftig, Egerlinge, Scheidenstreiflinge.

Gesehen am: **Ort:**

Weißer Knollenblätterpilz

Amanita verna Wulstling; **tödlich giftig!**

Hut: jung eiförmig und zur Gänze vom weißen Velum universale umgeben, später gewölbt bis kegelig, reinweiß, kahl. **Lamellen:** weiß, nie rosa oder grau, dicht, nicht angewachsen. **Stiel:** weiß, schlank, ziemlich lang, flockig, hängender, leicht abfallender Ring, Knolle von Volva umgeben. **Fleisch:** weiß, honigartiger, süßlicher Geruch. **Vorkommen:** VI-IX, Laub- und Nadelwälder, in Gruppen. **Verwechslung:** Grüner Knollenblätterpilz (A. phalloides) tödlich giftig!

Gesehen am: **Ort:**

Grauer Wulstling

Amanita spissa Wulstling; essbar, **roh giftig!**

Hut: jung halbkugelig, dann flach bis gewölbt, graubraun mit leicht entfernbaren weißen Flöckchen, Rand glatt. **Lamellen:** weiß, dicht. **Stiel:** weiß, dick, Knolle tief im Boden, Stielknolle ohne scharfen Übergang zum Stiel, mit grauen Warzenzonen, Manschette reicht bis zur Stielspitze, deutlich gerieft. **Fleisch:** weiß, Rettichgeruch. **Vorkommen:** V-X, in allen Auwäldern. **Verwechslung:** Pantherpilz (A. pantherina) giftig; Königsfliegenpilz (A. regalis) giftig; Perlpilz (A. rubescens).

Gefunden am: **Ort:**

Perlpilz

Amanita rubescens Wulstling; essbar, **roh giftig!**

Hut: jung halbkugelig, später gewölbt bis flach, fleischbraun bis rotbraun, Hutschuppen nie weiß, sondern fleischbraun. **Lamellen:** weißlich, bei Verletzung rosa färbend, dicht, am Stiel nicht angewachsen. **Stiel:** weiß, später mit rosa Flocken, anliegende Manschette, oberseits gerieft, am Grund knollig. **Fleisch:** weiß, in den Madengängen und bei Verletzung rötend. **Vorkommen:** VI-X/XI, Laub- und Nadelwälder. **Bemerkung:** leicht madig, Neulinge sollten diesen Pilz meiden. **Verwechslung:** Grauer Wulstling (A. spissa) roh giftig; Pantherpilz (A. pantherina) giftig!

Gefunden am: **Ort:**

Parasolpilz

Macrolepiota procera Riesenschirmling; essbar

Hut: sehr jung kegelförmig und braun, dann kugelig geschlossen (paukenschlägerartig), vom Rand her in Schuppen aufbrechend, alt flach. **Lamellen:** weiß, oft mit brauner Scheide, dicht, groß. **Stiel:** schmal, hohl, grau genattert, mit Knolle, frei beweglicher Ring, am Rand doppelt. **Fleisch:** weiß, im Stiel zäh. **Vorkommen:** VII-X, Laubwälder, Waldränder, Wiesen. **Verwechslung:** Safranschirmling (M. rhacodes) rötend. Andere ähnliche Arten besitzen nie einen verschiebbaren Ring.

Gefunden am: **Ort:**

Waldchampignon

Agaricus sylvaticus Egerling; essbar

Hut: jung halbkugelig, später flach, rotbraun bis zimtfarben, schuppig bis faserig. **Lamellen:** nie reinweiß!, dicht, rötlichgrau, später braunschwarz. **Stiel:** weiß bis bräunlich, hängender Ring, schmal, manchmal mit Knolle. **Fleisch:** weiß, Schnittstelle rötend. **Vorkommen:** VII-X, Laub- und Nadelwälder. **Verwechslung:** Perlhuhn-Egerling (A. placomyces) giftig, verfärbt chromgelb.

Gefunden am:

Ort:

Dünnfleischiger Anis-Champignon

Agaricus silvicola — Egerling; essbar

Hut: jung kugelig, später gewölbt bis ausgebreitet, weiß, auf Druck sofort gilbend. **Lamellen:** dicht, frei, jung rosagrau, alt schokoladenbraun. **Stiel:** weiß, herabhängender Ring, darüber leicht rosa, hohl, schlank, verdickte Basis. **Fleisch:** dünn, nach Anis riechend, gilbend. **Vorkommen:** VIII-X, Laub- und Nadelwälder. **Verwechslung:** Schafchampignon (A. arvensis) essbar; Weißer Karbolegerling (A. xanthoderma) giftig; Weißer Knollenblätterpilz (Amanita verna) tödlich giftig.

Gefunden am: **Ort:**

Wiesenchampignon

Agaricus campester Egerling; essbar

Hut: jung halbkugelig, später flach, weiß, im Alter leicht grau, schuppig oder glatt. **Lamellen:** nie reinweiß! jung graurosa, später schokoladenbraun, frei, eng. **Stiel:** zylindrisch, ohne Knolle, weißlich, vergänglicher, nach oben abziehbarer Ring. **Fleisch:** weiß, Schnittstelle kann schwach röten. **Vorkommen:** VII-X, nährstoffreiche Böden (Felder, Wiesen, Weiden)

Gefunden am:

Ort:

Faltentintling

Coprinus atramentarius

Tintling; nur jung essbar; **mit Alkohol giftig!**

Hut: jung eiförmig, dann fingerhutförmig, hellgraubraun und gerieft, später am Rand zerreißend, Oberfläche oft faltig. **Lamellen:** jung weißgrau, alt schwarz, eng stehend. **Stiel:** weiß, gleich dick, hohl, am Grund mit knotenförmiger Verdickung. **Fleisch:** weiß, mürbe. **Vorkommen:** V-XI, Laubwald, Wegränder, Wiesen, büschelig verwachsen. **Besonderheit:** nur jung essbar. Kein Alkohol vor oder nach dem Genuss des Pilzes! **Verwechslung:** Schopftintling (C. comatus) essbar, leicht unterscheidbar am grob beschuppten Hut und beringten Stiel.

Gefunden am: **Ort:**

Schopftintling

Coprinus comatus — Tintling; nur jung essbar

Hut: jung weiß, zylindrisch, hellbrauner Scheitel, flockige Schuppen, alt am Rand reißend, aufrollend, schwarz zerfließend. **Lamellen:** jung weiß dünn, sehr dicht, später auch schwarz zerfließend. **Stiel:** weiß, schlank, mit Ring. **Fleisch:** weiß, sehr dünn. **Vorkommen:** V-XI, überall vorbreitet, häufig. **Bemerkung:** muss sofort verbraucht werden, da sich der Pilz schon nach wenigen Stunden verfärbt und ungenießbar wird.

Gefunden am: **Ort:**

Grünblättriger Schwefelkopf

Hypholoma fasciculare Schwefelkopf; **giftig!**

Hut: jung geschlossen, alt gewölbt bis flach, Velumreste am Hutrand, grünlich bis schwefelgelb. **Lamellen:** schwefelgelb bis grünbraun, dünn, dicht, ausgebuchtet angewachsen. **Stiel:** gelb, fransige Ringzone, unterer Teil bräunlich, hohl, faserig. **Fleisch:** gelblich, sehr bitter. **Vorkommen:** fast ganzjährig, auf Laub- und Nadelholzstümpfen. **Verwechslung:** Stockschwämmchen (Kuehneromyces mutabilis); Graublättriger Schwefelkopf (Hypholoma capnoides), essbar, und andere Schwefelköpfe.

Gesehen am: **Ort:**

Stockschwämmchen

Kuehneromyces mutabilis Stockschwämmchen; essbar

Hut: jung gewölbt mit eingerolltem Rand, später flach mit kleinem Buckel, gelbbraun bis rotbräunlich mit dunklerer Randzone, glänzend, Hutfarbe ändert sich mit dem Wassergehalt. **Lamellen:** hell- bis rostbraun, dicht, breit angewachsen. **Stiel:** lang, zäh, häutiger, bald verschwindender Ring, darunter kleine Schuppen. **Fleisch:** hellbraun. **Vorkommen:** IV-XI, in Büscheln an Laubholzstümpfen. **Verwechslung:** Grünblättriger Schwefelkopf (Hypholoma fasciculare) giftig; Nadelholz-Häubling (Galerina marginata) tödlich giftig!

Gefunden am: **Ort:**

Spitzkegeliger Risspilz

Inocybe fastigiata Risspilz; **giftig!**

Hut: kegelig, jung am Rand mit Velumresten, gelblich bis ockerbraun, auch dunkelbraun, trocken, randrissig. **Lamellen:** jung gräulich, dann schmutzigoliv, dicht, ausgebuchtet angewachsen. **Stiel:** zylindrisch bis schlank, heller als der Hut, flockig. **Vorkommen:** VI-X, Laubwälder, Nadelwälder. **Verwechslung:** Der Pilz hat eine große Variationsbreite, ähnlich Ziegelroter Risspilz (I. patouillardii) und Gefleckter Risspilz (I. maculata).

Gesehen am: **Ort:**

Lila Dickfuß

Cortinarius traganus Schleierling; **giftig!**

Hut: jung kugelig, später flach mit fransigem Rand, erst violett, dann verblassend bis ocker, seidig. **Lamellen:** immer safranockerbraun, etwas entfernt stehend. **Stiel:** blasslila, am Grund bräunend, mit schleierartiger Ringzone. **Fleisch:** safranfarben, besonders im Stiel (Name), nie violett! Genuss ruft Magen-Darm-Beschwerden hervor. **Vorkommen:** VIII-IX, Nadelwälder, häufig.

Gesehen am:

Ort:

Reifpilz, Zigeuner

Cortinarius caperatus

Reifpilz; essbar, speichert in hohem Maße Schwermetalle und Cäsium

Hut: jung halbkugelig, dann gewölbt bis flach, jung mit einem glänzenden, blassvioletten Reif überzogen, ockergelb bis honigbraun. **Lamellen:** mit fein gesägter Scheide, hellbeige, dicht. **Stiel:** weißlichbräunlich, zylindrisch, mit häutigem Ring. **Fleisch:** blassbräunlich. **Vorkommen:** VIII-X, Laub- und Nadelwälder.

Gefunden am: **Ort:**

Grüngefelderter Täubling

Russula virescens Täubling; essbar

Hut: jung kugelig, alt flach, Rand gerippt, körnig, reißt bald feldrig schuppig, grünspanfarben bis gelb. **Lamellen:** weiß. **Stiel:** dick, zylindrisch, weiß, hart. **Fleisch:** weiß, fest, nussartig. **Vorkommen:** VII-IX, Laubwälder. **Verwechslung:** mit kleinen Exemplaren des Grünen Knollenblätterpilzes (Amanita phalloides), tödlich giftig!

Gefunden am:

Ort:

Frauentäubling

Russula cyanoxantha Täubling; essbar

Hut: sehr verschieden gefärbt, violett oder grün, rötlich bis lila, bei Feuchtigkeit klebrig. **Lamellen:** weiß, weich, biegsam, am Stiel gegabelt und herablaufend. **Stiel:** weiß, dick, am Grund etwas spitz zulaufend. **Fleisch:** weiß, brüchig. **Vorkommen:** VII-X, Laub- und Nadelwälder. **Verwechslung:** als einziger Täubling mit biegsamen Blättern.

Gefunden am:

Ort:

Ledertäubling

Russula integra Täubling; essbar

Hut: jung halbkugelig, später gewölbt bis trichterförmig, violettpurpur mit dunkler Mitte, auch braun, alt mit schwach gerieftem Rand. **Lamellen:** rahmfarben bis ockergelb, brüchig. **Stiel:** weiß, lang, manchmal bauchig. **Fleisch:** fest, weiß. **Vorkommen:** VIII-X, unter Tannen und Fichten.

Gefunden am:

Ort:

Speitäubling

Russula emetica Täubling; **giftig!**

Hut: zuerst halbkugelig, dann flach, scharlachrot bis kirschrot, trocken glänzend, bei Feuchte leicht klebend, Haut bis zur Mitte abziehbar. **Lamellen:** weiß, abgerundet, starr, leicht splitternd. **Stiel:** weiß, zylindrisch, feine Längsstreifen. **Fleisch:** weiß, im Hut dünn, Geschmack brennend scharf. **Vorkommen:** VII-X, Laub- und Nadelwälder, gerne an feuchten Stellen.

Gesehen am:

Ort:

Speisetäubling

Russula vesca Täubling; essbar

Hut: jung halbkugelig, später gewölbt oder flach, fleischrötlich oder -bräunlich, Lamellen ragen über die Hutkante hinaus. **Lamellen:** weiß, weich, dicht. **Stiel:** weiß, oft rostfleckig, zylindrisch. **Fleisch:** weiß, fest. **Vorkommen:** VI-X, Nadelwälder, Laubwälder.

Gefunden am:

Ort:

Echter Reizker

Lactarius deliciosus Milchling; essbar

Hut: jung gewölbt, alt flach bis trichterförmig, orangerot, mit weißlichen Ringzonen, im Alter grünend, schleimig. **Lamellen:** dicht, hutfarben, grünend. **Stiel:** kurz, zylindrisch, hutfarben, später hohl. **Fleisch:** fest, karottenroter Milchsaft. **Vorkommen:** VIII-X, unter Kiefern. **Verwechslung:** Fichtenreizker (L. deterrimus) essbar.

Gefunden am:

Ort:

Pfeffermilchling

Lactarius piperatus Milchling; bedingt essbar

Hut: jung gewölbt, später abgeflacht bis trichterförmig, weiß, dann mit bräunlichen Flecken. **Lamellen:** weißlich, ähnlich dem Hut, herablaufend, dicht, am Ende gegabelt. **Stiel:** hutfarben, zylindrisch, manchmal gebogen, fein gerieft. **Fleisch:** weiß, weiße Milch, scharf, hart. **Vorkommen:** VIII-IX, meist Laubwälder. **Verwechslung:** Wolliger Milchling (Lactarius vellereus), Lamellen dicker und weitstehend. **Bemerkung:** In dünnen Scheiben scharf gebraten, essbar.

Gefunden am:

Ort:

Austernseitling

Pleurotus ostreatus Seitling; essbar

Hut: einseitig muschelförmig, später flach, meist in Büscheln, jung graubraun bis blaugrau (metallisch), später heller, kahl. **Lamellen:** eng stehend, weißlich, am Stiel herablaufend, oft gabelig verzweigt. **Stiel:** weißlich, kurz, dick, meist seitlich, Stielbasis dicht behaart, oft mit anderen Pilzen verwachsen. **Fleisch:** weiß, alt zäh. **Vorkommen:** X-III, auf Holzstümpfen in Gruppen, selten auf Nadelholz, leicht auf Holz zu züchten.

Gefunden am: **Ort:**

Samtfußkrempling

Paxilus atrotomentosus Krempling; ungenießbar

Hut: jung flach, alt trichterförmig, am Rand eingerollt, einseitig gestielt, rostbraun bis dunkelgrau, samtig. **Lamellen:** cremefarben, bei Druck bräunend, am Stiel herablaufend, gegabelt. **Stiel:** meist nicht in der Mitte, kurz und gedrungen, besonders jung braun und dickfilzig. **Fleisch:** weißgelb, jung fest, saftig, alt weich, schwammig. **Vorkommen:** VII-X, auf morschen Fichten- und Kiefernstämmen.

Gesehen am:

Ort:

Kuhmaul

Gomphidius glutinosus Schmierung; essbar

Hut: anfangs gewölbt, später flach, grau bis braun, mit dicker Schleimschicht überzogen, bei jungen Pilzen über die Lamellen ziehend. **Lamellen:** jung weiß, alt schwärzlich, am Stiel herablaufend, dicklich. **Stiel:** weiß, an der Basis chromgelb, zylindrisch, an der Spitze schleimige Ringzone. **Fleisch:** weiß, weich. **Vorkommen:** VIII-X, nur unter Fichten. **Verwechslung:** Fleckender Schmierling (G. maculatus), bei Verletzung weinrot anlaufend. **Bemerkung:** Vor dem Verzehr die Schmierhaut abziehen.

Gefunden am: **Ort:**

Hasenbovist

Calvatia utriformis

Bovist;
nur essbar, wenn innen weiß

Fruchtkörper: breit sackförmig bis verkehrt birnenförmig, kaum gestielt, weiß - weißgrau, Oberfläche mit feinen Warzen. **Sporenpulver:** olivgrünlich. **Vorkommen:** VI-X, Wiesen, Weiden. **Verwechslung:** Beutel-Stäubling (C. exipuliformis).

Gefunden am:

Ort:

Flaschenstäubling

Lycoperdon perlatum Stäubling; nur jung essbar

Fruchtkörper: birnen- bis verkehrt flaschenförmig, am Ende kugelig, faltiger Stiel, weiß, später graubraun, Oberfläche mit groben Warzen, Sporenmasse jung weiß, watteartig. Sporenfarbe alt gelb, dann oliv. **Vorkommen:** VII-IX, Laub- und Nadelwälder. **Verwechslung:** stinkender Stäubling (L. foetidum) mit zusammengesetzten Stacheln.

Gefunden am:

Ort:

Riesenbovist

Langermannia gigantea

Bovist; nur essbar, wenn innen weiß

Fruchtkörper: weiß bis gelblich, fast kugelförmig, 30 bis 50 cm. **Sporen**; olivgrünlich bis graubraun. **Vorkommen:** Wiesen, Weiden, saure Böden, kann auch erheblich größer werden.

Gefunden am:

Ort:

Stinkmorchel

Phallus impudicus

Bauchpilz; nur jung essbar als Hexenei!

Fruchtkörper: jung als „Hexenei" halb unter der Erde, bestehend aus weißem festem Kern, umgeben von einer gallertartigen Masse und Außenhaut, später langzylindrischer Schaft, weißlich, runzlig, am Ende mit glockenartigem Hut, dunkelolivgrün, schleimig-klebrig, unangenehm nach Aas riechend. **Vorkommen:** V-XI, Laub- und Nadelwälder.

Gefunden am:

Ort:

Register

Deutsche Namen:

Register

Wissenschaftliche Namen:

KOMPASS
Der große
Naturführer
395 Farbfotos und 11 Illustrationen
Mit präzisen Beschreibungen